指间流彩

冯叙园作品集

冯叙园 / 著

中国纺织出版社有限公司

内 容 提 要

本书作品均由作者独立设计制作，凝聚了其对艺术世界的探究与思考，同时也表现出其深厚的专业设计水平与扎实的实践操作能力。本作品集由四个系列组成，分别是女装系列、面料系列、法绣系列、饰品系列。系列之下又有几个子系列：编织面料、拼布面料，装饰画、团扇、蝴蝶胸针，珠绣胸针、法绣耳环、手工耳环。本书整体突出了设计制作者巧妙的构思、多元的材质和多样的设计手法。

本书适合服饰品设计专业师生以及相关从业人员参考学习，也可供时尚手工爱好者欣赏借鉴。

图书在版编目（CIP）数据

指间流彩：冯叙园作品集 / 冯叙园著 . -- 北京：
中国纺织出版社有限公司，2022.10
ISBN 978-7-5180-2532-9

Ⅰ . ①指… Ⅱ . ①冯… Ⅲ . ①服饰—设计—图集
Ⅳ . ① TS941.2-64

中国版本图书馆 CIP 数据核字（2022）第 117113 号

责任编辑：孙成成　责任校对：王花妮　责任印制：王艳丽

中国纺织出版社有限公司出版发行
地址：北京市朝阳区百子湾东里A407号楼　邮政编码：100124
销售电话：010—67004422　传真：010—87155801
http://www.c-textilep.com
中国纺织出版社天猫旗舰店
官方微博 http://weibo.com/2119887771
北京华联印刷有限公司印刷　各地新华书店经销
2022年10月第1版第1次印刷
开本：889×1194　1/16　印张：9
字数：86千字　定价：168.00元

他 序

  叙园小时候曾在日本生活，后留学美国，又到中国香港和法国学习，是一位有国际视域的热爱手工的青年艺术家。她本科和硕士专业与服装设计、时尚及纺织品设计相关，后来又在法国学习了法式刺绣（下文简称"法绣"），对服装设计及手工设计制作有着持久的热爱和研究，这些经历也培养了她不因循守旧、勇于创新的个性。

  这几年来，她努力、勤奋，作品非常丰富。本作品集中有女装、面料、法绣、饰品四个系列，构成了一个完整的体系。我很高兴这些作品能够被更多读者了解和欣赏。

  叙园的作品很有创新性。

  创新之一是服装与社会现象相结合。

  在一般的概念里，服装、面料就是技艺层面的操作，与社会因素没有直接关系，但叙园从一些社会活动中去探讨人的内心世界，从中透视出人们对于生活的看法和理念，创作出了一些非常有想象力和创意性的作品。

  创新之二是法绣与故事叙述相结合。

  叙园的画作都充满意境，每一幅背后都有引人入胜的故事，那些静态的丝、钻、珠、链等材料成为故事的演绎者，生命力十足。她的文字也很有感染力，使我们在欣赏华丽和精致效果的同时，能够慢慢去体会故事，甚至会参与其中，以自己的想象进行二次创作。这是非常有趣的过程。

  创新之三是将西方艺术与中国传统艺术相结合。

  团扇是中国传统工艺品及艺术品的代表，圆形团扇最为流行，汉代班婕好即有《团扇诗》流传。现代人们将其作为工艺装饰品摆放，一般以间色丝线将花鸟云纹绣于其上。不过中国的刺绣材质主要是丝线，技法比较单一，图案基本是平面的。叙园将技法复杂的法绣用于其上，配上繁复华丽的丝线钉珠，为传统的团扇增加了时尚性。

  叙园对蝴蝶情有独钟，她查阅了大量资料，反复琢磨蝴蝶的色彩及舞动特点，努力捕捉转瞬即逝的光点与情态，几十枚蝴蝶胸针在她手下制作出来，各有特色，无一重复，保证了唯一性，这也是手工艺术品的珍贵之处。

以上所说的这些创新，源于叙园国际化教育背景的积淀，以及对当代生活样式和艺术形式的持续关注。她作为当今的青年艺术家能如此执着地热爱这些手工艺，反映出社会思潮的变迁。在工业文明鼎盛时期，人们追求的是效益，是对物的数量的追求，但当进入后工业文明以来，人们追求的不再是效益而是价值，也就是从量转向了对质的追求。人们更需要的是用心灵去感受生活，而不是用物欲去占领生活，这样的心境会让人更加安宁，更加关注内在的修养以及生活中的雅趣。希望在当代能多一点这样的年轻艺术家，多一点这样能激起心灵浪花的作品，点缀在我们的生活中，既可以赏心也可以悦目，还可以作为一种生活样式和一种对未来的向往与思考。

最后祝贺作品集的顺利出版，期待由此激发出更多的优秀作品！

方李莉

东南大学艺术人类学与社会学研究所　所长

中国艺术研究院艺术人类学研究所　研究员

自 序

  对创意和手工的热爱可以追溯到我在日本上幼儿园时期。那家私立幼儿园施行"赤足教育"，绘画和手工也尽情展示了孩子们的天性，我在色彩和构图方面的意识自涂鸦和制作中逐渐萌生。从小学时期用碎花布为芭比娃娃缝制衣裙，到软陶工作坊制作多色手链，也都是不受约束的尝试与体验。

  高中留学美国，我对服装设计热情依旧，大学便选择了服装设计专业，进而又赴中国香港读研深造。我认为服装的功能不只是蔽体，也不限于带来美感，服装艺术也可以反映并影响人们的生活样式。将艺术与生活进行关联后的作品更具内涵，不仅具有较高的观赏性和实用性，更能够与观众产生互动和交流，观众也能够因之对作品进行新的诠释。

  除了专业所学技能外，法绣的独特魅力也深深吸引了我。法绣不仅有着多种技法，更因其万物皆可为材的特点而富有立体感，有极强的表现张力，被称为"刺绣界的雕塑"。将法绣用于服装，服装之美得以大幅提升。但这样的法绣常常用于高级定制服装，并非普通大众消费之物。为了探究法绣奥秘，我赴巴黎著名的手工高级定制工坊 Lesage 专门学习法绣，期待法绣也能够在国内普及，为人们在服饰工艺方面增加一种选择。

  法绣作为一种独特的艺术表现形式，可以是饰物，也可以是作品。当今时代，是很多人愿意通过手工来释放对美的感悟的时代。服装设计可能不适合每个人去学习，但法绣却非常适合个人体验，在发挥个人艺术想象力方面更有独到之处。法绣既可以作为一门生存技艺，也可以用来解压放松、怡情养性。因此，我也开发了系列法绣课程，从入门到高级，供不同专业级别的人选用。在时间碎片化的今天，碎片化学习也成为社会常态，这种手工艺术可以让更多的人参与其中，人们的生活样式也会因之发生微妙变化。

  除了服装设计和法绣，我也尝试使用其他不同媒介进行创作。将美的感受换一种形式融进创作之中，从多角度观察和理解文化差异，东西方各具特色的艺术宝库，以及自然和人文宝库也都成为宝贵的灵感来源，这一过程会给人带来无限的愉悦和更多的启迪。

　　本作品集时间跨度四年有余。每件作品均为精心构思、潜心制作，但并不意味着件件都完美无瑕，有些不免还留有技法探索的痕迹。但也正因如此，才更为生动地展示出作品不断完善和升华的过程，并为将来进一步精进预留出空间。

　　本作品集分为女装、面料、法绣、饰品四个系列，其中法绣部分分为装饰画、团扇、蝴蝶胸针三个子系列，饰品部分分为珠绣胸针、法绣耳环、手工耳环三个子系列。欢迎读者与我交流：fengxuyuanflora@163.com。

冯叙园

2022 年 1 月

目录 contents

第一部分

女装系列

在女装系列中主要展示的是2018春夏女装系列，从服装款式设计、钉珠设计制作到配饰设计制作均由作者独立完成。

本系列有10余套服装，包括上衣、裤装、连衣裙、半裙等。创作灵感源自夏加尔的画作，仿佛调色盘般的绚丽色彩对本作品面料选择有很大启发。服装主要选用进口面料，并在蕾丝、提花面料制成的成衣之上运用钉珠手法点缀细节，使用米珠、亮片等材质在蕾丝上作为装饰。在配饰部分，设计制作了天然石、淡水珍珠材质为主的耳环，起到锦上添花的效果。每一件单品都不会轻易过时，精选的面料以及精致的做工都体现出作者的风格与匠心。

作品材质 ｜ 法国、意大利进口面料；米珠、亮片；天然宝石、淡水珍珠等
制作日期 ｜ 2017年12月
服装摄影 ｜ 李经纬

第二部分

面料系列

作者在申请美国帕森斯设计学院（Parsons School of Design）、纽约时装学院（Fashion Institute of Technology）、英国皇家艺术学院（Royal College of Art）等高校硕士项目（MFA/MA）时，提交的作品均获得校方青睐而被录取。其中有些作品使用普通的材质无法满足主题需要，于是作者对多种材质（包括非常规材质）进行搭配和组合，重新创作出独特质感的面料。制作工艺方面运用了多种技法，如编织、刺绣、戳戳绣、数码印花、机绣等，经过反复实验，做出几十甚至上百种面料小样，才最终完成作品。

面料部分包含编织面料和拼布面料两个类别。

（一）编织面料

灵感源自对医生职业的思考。

人们普遍注意的是医生的职业特点，而作者希望展示出医生在白大褂之下的真实个性。在采访了一支由医生组成的"青光眼"乐队以及关注有艺术才华的医务工作者之后，作者将医疗材料或医疗元素融入面料设计中。使用针管和颜料作画，并将这些画作转印成印花面料。材质方面反复尝试，最终确定使用医用胶管、一次性手术帽、胶皮手套等进行非常规面料改造。

面料制作方面使用了数码印花、手工编织、戳戳绣、钉珠等技法。

作品材质 ｜ 医用胶管、医用手套、胶囊、医用手术帽、珠子、亮片、毛线等
制作日期 ｜ 2018年3—6月
服装摄影 ｜ 李经纬

（二）拼布面料

灵感来自捐赠衣物的行为。

城市里的人们将衣物捐赠给偏远地区，这些地区的人们再将其重新搭配利用。

作者在分析人们身穿捐赠衣物的状态后，从中提取了一些代表性元素进行新的创作，其中包含面料设计及服装解构。面料主体采用不同材质的布料，使用拼布、机绣等技法制作而成。

作品材质 ｜ 牛仔布、蛇皮袋、摇粒绒、棉布、欧根纱等
制作日期 ｜ 2018年7—11月
服装摄影 ｜ 李经纬

第三部分

法绣系列

法绣系列包括装饰画、团扇和蝴蝶胸针三部分，主要采用法绣制作。

法绣技法复杂，繁复华丽的钉珠刺绣是华美礼服的精髓，意大利以及法国历史悠久的高级定制品牌大多数都使用法式钩针（Luneville）技法。这种技法将大量的米珠、亮片、印度丝、雪尼尔线、爪钻等材料手工刺绣到面料上，可多角度展现其制作的精美。

法绣之所以昂贵并呈现出华丽的效果，是因为需要大量的时间和材料堆叠。法绣中经常使用非常规的刺绣材料，如使用真皮或贝壳等材质来表现图案的肌理和质感，表现力突出。

这一系列的作品体现了对日本米珠、法国亮片、印度丝等材质的匠心运用和细致入微的技法制作。在本系列作品中，蝴蝶是出现最多的形象，而作者工作室名为"芙蝶"也正是取其谐音而来。蝴蝶是自然界中的精灵，它们翩翩飞舞自由舒展，其美丽灵动千变万化，特别适宜用法绣来表现。

（一）装饰画

法绣装饰画可以悬挂，也可以摆放；可以单独展示，也可以成组出现。

《绽放》(*Blooming*)

　　参考中国古典纹样，使用具有代表性的大红色和绿色搭配加以蓝黄色的点缀，冲击力及美感兼具，东方的柔美典雅与西方的奢华精致相融。作品使用材质包括米珠、雪尼尔线等，将平面图案转化为立体感更强的三维画面。

作品材质　|　御幸/东宝米珠、DMC绣线、爪钻、雪尼尔线等
制作日期　|　2019年5月

《连理枝》（ *Twinned Trunks* ）

　　相互缠绕的花枝精巧而富有生命力，以不同质感的材料表现出花朵与藤蔓之间的关系。花朵使用棉线及特殊材质绣线制作，渐变的色彩使花朵更加鲜活。绿叶使用亮片、米珠及棉线等，增强了画面的圆润感和光泽感。

作品材质 ｜ 御幸/东宝米珠、DMC绣线、爪钻、亮片、特殊材质丝带、雪尼尔线等
制作日期 ｜ 2019年9月

《莲》(*The Lotus*)

　　选取经典的中式纹样，使用渐变色系的绣线巧妙搭配撞色，色彩丰富跳跃，却又融为一体。画面中央的莲花造型优雅别致，蜿蜒的花茎则平添一些灵动之感。

作品材质　|　御幸/东宝米珠、DMC绣线、爪钻、亮片、管珠等
制作日期　|　2019年9月

《鸟与花》（ *Bird and Flower* ）

作品灵感来自欧洲古典油画，小鸟的配色参考了其浓郁的色彩。其中，绿色的叶片使用了立体技法，单独做好的叶片用针线固定于平面的刺绣上，呈现出饱满的造型。

作品材质 ｜ 御幸/东宝米珠、DMC绣线、真丝线、爪钻、亮片、管珠、雪尼尔线等
制作日期 ｜ 2019年9月

《金马踏浪》（ *The Sea Horse* ）

金色马儿踏着浪花奔驰在海面，水花飞溅，马儿和波浪都动感十足。海浪之上的花朵更增加了浪漫的氛围。花朵使用立体刺绣技法，悬空凸出，手指可以触摸感知。

作品材质 ｜ 御幸/东宝米珠、DMC绣线、淡水珍珠、爪钻、亮片、雪尼尔线等
制作日期 ｜ 2019年11月

《簇锦团花》(*Oriental Blossom*)

　　作品灵感来自中式花朵纹样。为有别于一般的单色系纹样，本作品使用撞色搭配。粉、紫、绿、黄等色彩巧妙呼应，加之淡水珍珠、立体米珠的点缀，通过法绣以及结粒绣等技法，展现出一幅和谐画面。

作品材质　|　御幸/东宝米珠、DMC绣线、淡水珍珠、亮片、雪尼尔线、特殊材质丝带等
制作日期　|　2020年7月

《彩蝶飞舞》（*The Butterflies*）

作品灵感源自清代旗袍上的蝴蝶刺绣图案。蝴蝶翩翩起舞，形态各异。使用材质包括法绣中常见的真丝线和棉质绣线，加上了大量的金银色以及反光亮片，使蝴蝶从不同角度看都能闪闪发光。使用贴布绣技法，结合与亮片同色系的真丝雪纺，极大地丰富了作品的表现力。

作品材质 ｜ 御幸/东宝米珠、DMC绣线、亮片、真丝雪纺、真丝线等
制作日期 ｜ 2019年11月

《曼陀罗》（*Mandala*）

作品灵感来自印度的曼陀罗画，呈几何对称的图案是其代表形象，寓意为"聚集"，将一切圣贤、功德聚集于此。集合对称图形，加入代表生命力的花草植物，使画面整体在对称平衡中又有着动态变化。

作品材质 ｜ 御幸/东宝米珠、DMC绣线、爪钻、亮片、金属线、印度丝、雪尼尔线等
制作日期 ｜ 2020年4月

《秘密花园》(*The Secret Garden*)

灵感源自欧洲古典书籍封皮。封面通常风格简洁，简笔画或是精致的花卉纹样就可以突出重点。四周使用米珠和亮片做边框，对称构图逐渐聚焦，在中心位置上重点突出大小不一的花朵。花朵色彩鲜艳活泼，花瓣和花蕊充满质感。

作品材质 │ 御幸/东宝米珠、DMC绣线、淡水珍珠、金属丝带、爪钻、亮片、真丝缎带、雪尼尔线等

制作日期 │ 2020年4月

《流动的线条——金色》（ *The Golden Wave* ）

灵感来自自然界中蜿蜒的水流。使用大量米珠、亮片、钻链模仿江河湖海中流淌的线条。作品分两幅，此为金色作品，充满热烈的生命力，除了大量金色，也借助了红色和黑色做点缀，并使用了金色天鹅绒面料，以及不同形状的红色爪钻增强立体感。

作品材质 ｜ 御幸/东宝米珠、蕾丝、进口面料、钻链、爪钻、亮片、平底钻等
制作日期 ｜ 2020年3月

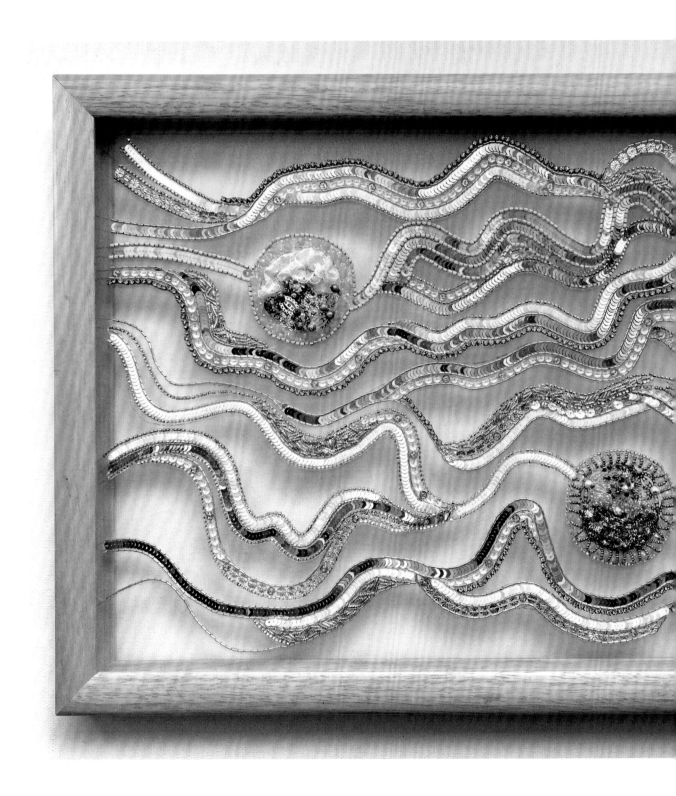

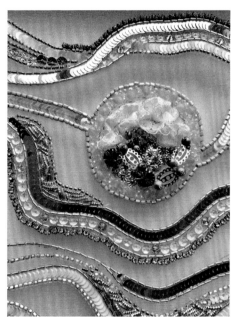
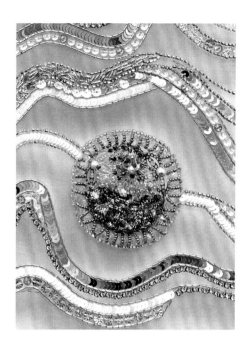

《流动的线条——银色》（ *The Silver Wave* ）

　　此为银色作品，与前页金色作品成对。银色作品多了一份静谧感，在银白色的线条中加入天蓝色作为点缀。材质包括白色蕾丝、银色异形亮片等。

作品材质　|　御幸/东宝米珠、蕾丝、进口面料、钻链、爪钻、亮片、平底钻等
制作日期　|　2020年3月

（二）团扇

当中式团扇与法绣相遇，中西方两种艺术基因组合在一起便绽放异彩，创造出妙不可言的效果。

在设计的世界里没有国界之分，不同的文化与艺术兼顾相融，使得艺术表现形式更加多元化。我国的刺绣材料多用丝线，特殊材质较少应用，而法绣则可以使其焕发勃勃生机。

典雅的中式真丝团扇上使用米珠、亮片和绣线等材质绣出华丽富贵的牡丹或玫瑰，抑或是轻盈灵动的蝴蝶、昆虫。

《无尽夏》（*Endless Summer*）

　　除了法绣，烫花也是一种高级定制的常见技法。叶片部分使用法绣技法，用亮片、米珠以及棉质绣线等材质勾勒出叶子的形状。花朵部分则使用真丝缎修剪出一片片花瓣，通过调配颜料染色的方式配制出蓝紫色的花瓣，再用烫花器将花瓣烫出立体弧度。每片花瓣都手工缝制出立体的形状，组合成完整的绣球花。

作品材质　｜　御幸/东宝米珠、DMC绣线、爪钻、亮片、真丝缎、染料等
制作日期　｜　2021年12月

《微观》（*Microcosmos*）

　　在人类世界中并不十分受欢迎的昆虫，其实也有独特的欣赏价值。甲壳上的光泽、翅膀上的鳞粉，都是大自然的神奇产物。飞蛾翅膀上使用直径3毫米的亮片，在整体上提升了精致度。黑色很有包容性，以其作为底色，可以承托并融合各种色彩。作品以常用的金色、黑色、棕色作为基础色调，以红色、蓝色、绿色等增强视觉冲击力。

作品材质　|　御幸/东宝米珠、DMC绣线、淡水珍珠、爪钻、亮片、雪尼尔线等
制作日期　|　2020年7月

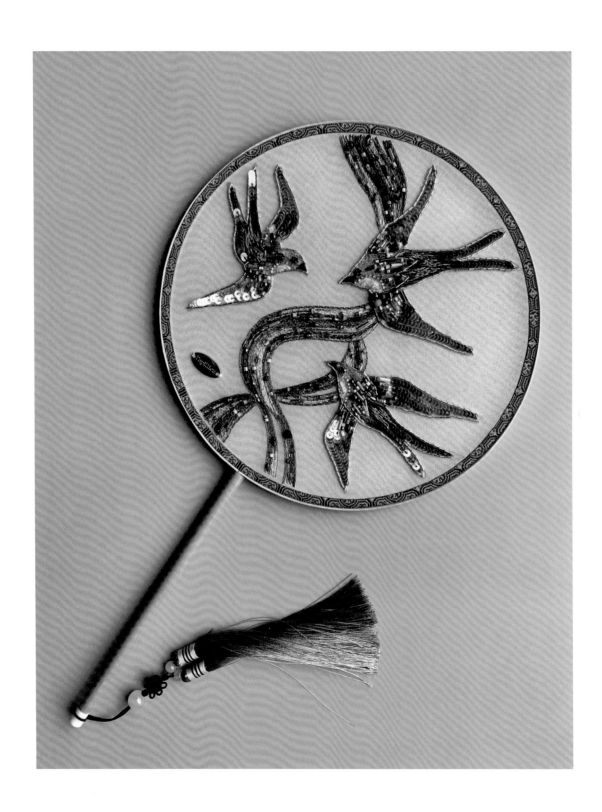

《蓝色漩涡》（*Blue Swirl*）

　　燕子像是飞翔在旋转的蓝色风暴中，不畏狂风，勇往直前。这幅团扇主要运用了DMC渐变绣线以及亮片、米珠等材质，将不同色调及材质的蓝色搭配混合，展现燕子舞动时身体呈现出的不同光泽，动感十足。

作品材质 ｜ 御幸/东宝米珠、DMC绣线、淡水珍珠、爪钻、亮片、雪尼尔线等
制作日期 ｜ 2020年7月

《天空之旅》(*Sky Travelling*)

　　作品灵感源于作者养过的猫猫兔以及幼时读过的《骑鹅旅行记》。兔子一般安静乖巧，但行动起来便是"脱兔"。长耳朵的小兔骑着小鸟飞翔于天空，多么美妙奇幻的画面！兔子部分主要使用毛茸茸的雪尼尔线，小鸟翅膀则用亮片和米珠体现光泽，增加动感和观赏性。

作品材质　│　御幸/东宝米珠、DMC绣线、爪钻、亮片、雪尼尔线等
制作日期　│　2020年7月

《奔月》
(*Flying to the Moon*)

　　燕子象征着春天和自由，它飞舞的身姿吸引过多少文人墨客。燕子的身体部分选用了写实的配色，以棉线和亮片等材质凸显出燕子灵动的姿态，月亮部分则使用金色亮片及金属绣线，金属感十足。让燕子飞向金月，会不会又幻化出一个童话故事？

作品材质　|　御幸/东宝米珠、DMC绣线、爪钻、亮片、淡水珍珠等
制作日期　|　2020年3月

《牡丹》
(*The Peony*)

　　牡丹花的大气和娇艳使其在花卉中独树一帜，其叶片与花瓣也可入画。花瓣材质采用不同色调的亮片，展现其华丽感，叶片则使用棉质绣线及亮片、钻链等材质，凸显质感，上方半圆花环的设计使整体画面从容而不呆板。

作品材质 | 御幸/东宝米珠、DMC绣线、爪钻、亮片、钻链、雪尼尔线、特殊材质丝带等
制作日期 | 2020年7月

《花开自有时》(*Flowers Bloom When They Are Ready*)

　　鲜花总是给人带来无尽的浪漫与感动。红玫瑰象征着热烈的爱情似火焰般燃烧，经久不息。使用金色搭配红色，配以不同形状的亮片，为作品增加了高贵气息。白玫瑰则优雅温和，洁白的颜色寓意柔情常在，使用白色和银色的米珠、亮片等材质，展现出白玫瑰与红玫瑰不同的气质。

作品材质　｜　御幸/东宝米珠、DMC绣线、淡水珍珠、爪钻、亮片、雪尼尔线等
制作日期　｜　2020年7月

《爱之路》(*Love Finds The Way*)

　　作品灵感来自一本欧洲古典书籍 *Love Finds The Way*，用法绣的技法将蝴蝶与花的形象呈现在团扇上。大量的米珠和亮片用于展现带有秋天色泽的花与叶。淡雅柔和的粉色与浅金色使整体画面被温柔的氛围包围。为增加跳脱感，蝴蝶翅膀上以白色和蓝色作为点缀。

作品材质　｜　御幸/东宝米珠、DMC绣线、爪钻、平底钻、亮片、雪尼尔线等
制作日期　｜　2020年3月

《紫藤花》(*The Wisteria Flower*)

　　大自然中的植物永远都是艺术创作的灵感源泉。作品使用高级定制中常见的爪钻、亮片、淡水珍珠、印度丝等材质，通过组合搭配，精致的细节表现出质感和形态。紫色与白色相间，颜色不至过于浓郁，整体视觉效果因之得以平衡。

作品材质　｜　御幸/东宝米珠、DMC绣线、淡水珍珠、爪钻、亮片、印度丝、雪尼尔线等
制作日期　｜　2020年3月

《双飞》
(*The Romance of Butterflies*)

　　自古以来，双飞的蝴蝶在诗句中都是美好爱情的象征，也是画作中的常景。作品中蝴蝶翅膀上的黑色与紫色的亮片在不同角度下变幻光泽，躯干部分使用了大颗巴洛克淡水珍珠以及炫彩的爪钻，令其栩栩如生，寓意着蝴蝶生命永驻、爱情长存。

作品材质 ｜ 御幸/东宝米珠、DMC绣线、淡
　　　　　 水珍珠、爪钻、雪尼尔线等
制作日期 ｜ 2020年7月

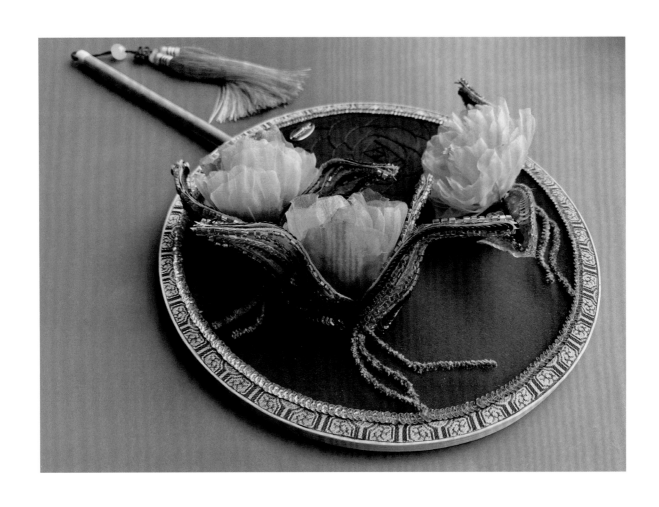

《花的聚会》(*Flowers Can Talk*)

　　盛开的花朵聚在一起便会产生强烈的视觉效果。这件团扇作品
不拘泥于常规技法，除法绣外也使用了真丝烫花技法。真丝欧根纱
修剪制作出花瓣，将花瓣染色、高温定型后再做成花朵形状。叶子
使用法绣技法绣出脉络，最后将叶片和花朵组合成完整的立体花。

作品材质 ｜ 御幸/东宝米珠、DMC绣线、真丝欧根纱、薄绢、雪尼尔线等
制作日期 ｜ 2021年12月

《银莲花》（ *The Anemone* ）

　　比起牡丹、玫瑰这些名花，银莲花的外观、颜色并不算特别，但再普通的花也有春天。作品使用立体技法，将花瓣和花蕊部分立于平面。为了配合红色的团扇，花瓣也选用红色，扇面上的花朵自由绽放，显现出它们最美的模样。同时，作品中还使用了印度丝、亮片、爪钻等多种材料，以增强立体感。

作品材质 ｜ 御幸/东宝米珠、DMC绣线、淡水珍珠、爪钻、亮片、印度丝等
制作日期 ｜ 2021年7月

《向日葵》
(*The Sunflowers*)

　　向阳而生的向日葵有着明黄色的花瓣，向上肆意生长充满张力。作品使用了大量的米珠、雪尼尔线和棉质绣线，而未使用亮片。采用结粒绣的技法，将花蕊的立体感呈现出来。毛茸茸的雪尼尔线则应用在花瓣上，无论用眼观还是手触，都感受得到其独特魅力。

作品材质 ｜ 御幸/东宝米珠、DMC绣线、雪尼尔线等

制作日期 ｜ 2020年3月

（三）蝴蝶胸针

　　作者对蝴蝶情有独钟，用法绣持续制作了数十枚形态各异的蝴蝶胸针，以此方式将蝴蝶的美好形态永久留存。在进行配色设计时，每一枚都经过反复比对，既有模拟自然界中真实蝴蝶的自然配色，也有抽离于现实的缤纷跳跃的幻化配色。在甄选材质时也反复匹配，特别注重细节处理，突出色彩和质感。这些蝴蝶背面都配有胸针扣，形状稍大于普通胸针，既可以作为配饰使用，也可以作为挂件欣赏，将多枚蝴蝶胸针用于组合装饰墙面则更是别具一格。

制作材料　|　御幸/东宝米珠、DMC绣线、淡水珍珠、爪钻、真丝欧根纱等
制作日期　|　2019年7月至今

第四部分

饰品系列

饰品系列包括珠绣胸针、法绣耳环和手工耳环。

胸针、耳环、项链、手链等在人们的生活中不可或缺，小小的饰品体现出个性的审美与时尚。作者的饰品设计始于2016年，经过了不断积累和调整的过程。最初倾向于日系清新风，继而采用施华洛世奇元素珍珠、棉花珍珠、天然宝石等不同配件，后来主要使用天然淡水珍珠和天然宝石。近期的设计融合了颜色多样、质感各异的进口米珠制作串珠配饰，使用透明鱼线将米珠串连起来组合成不同形状，这样的方式特别适合于自由发挥。与此同时，也可将蕾丝面料加入制作材料中。

作为一名没有系统学习过珠宝设计或配饰设计的创作者，进步的秘诀是借助以前的服装设计和法绣设计基础，在摸索中尝试、在尝试中逐步形成独特的个人风格。

（一）珠绣胸针

　　如果说前文呈现的蝴蝶胸针兼具观赏性和实用性，那么这一系列的胸针则重在日常使用。生活中周边万物都会成为创作素材。作者不断尝试使用不同材质进行设计，通过多种立体材质呈现出作品的丰富性和表现力。

　　这些胸针形态或抽象或具象，并不拘泥于某种特定的形式，每一款都力求具有较强的辨识度。

制作材料　|　御幸/东宝米珠、DMC绣线、淡水珍珠、爪钻、古董吊坠、真丝欧根纱等
制作日期　|　2020年3月至今

（二）法绣耳环

法绣技法常见于高端奢华服装，作者将这一技法运用到日常饰品中，希望能够为人们提供一些新的选择。法绣耳环以异型轮廓及绚丽的色彩为基础，配色灵感主要源自大自然中色彩斑斓的动植物及山水地貌，使用日本米珠和DMC绣线，无论是活泼跳跃的撞色搭配还是经典高雅的单色系，法绣都可以将它们的美展现得淋漓尽致。

制作材料 ｜ 御幸/东宝米珠、DMC绣线、淡水珍珠、真丝欧根纱等
制作日期 ｜ 2019年10月—12月
摄　　影 ｜ 张月

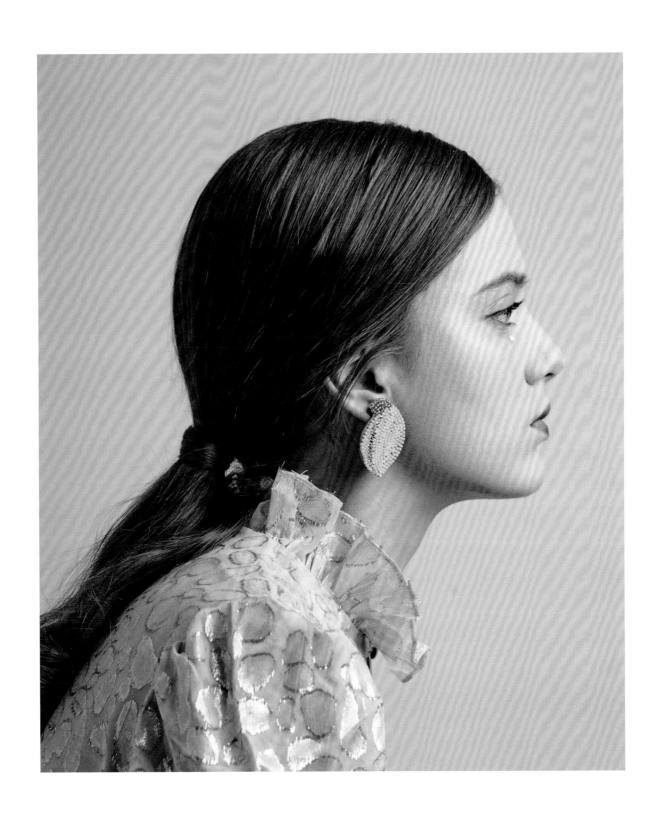

（三）手工耳环

　　不使用法绣，只使用米珠、淡水珍珠、天然宝石以及针线等基础材料同样可以设计出无数别致的配饰。由于耳环在服装搭配中具有点睛作用而受到人们的喜爱，其丰富的样式和多元的材质更是满足了爱美人士的需求。使用米珠、珍珠、蕾丝等材质组合，可以将优雅灵动体现得淋漓尽致，而手工制作则保证了每一款都独一无二，显现其珍贵性。

制作材料 ｜ 御幸/东宝米珠、淡水珍珠、蕾丝等
制作日期 ｜ 2021年11月至今